Eureka Math®

2.º grado
Módulo 8

Publicado por Great Minds®.

Copyright © 2019 Great Minds®.

Impreso en los EE. UU.
Este libro puede comprarse en la editorial en eureka-math.org.
3 4 5 6 7 8 9 10 CCR 24 23 22

ISBN 978-1-64054-879-4

G2-SPA-M8-L-05.2019

Aprender ◆ Practicar ◆ Triunfar

Los materiales del estudiante de *Eureka Math*® para *Una historia de unidades*™ (K–5) están disponibles en la trilogía *Aprender, Practicar, Triunfar*. Esta serie apoya la diferenciación y la recuperación y, al mismo tiempo, permite la accesibilidad y la organización de los materiales del estudiante. Los educadores descubrirán que la trilogía *Aprender, Practicar y Triunfar* también ofrece recursos consistentes con la Respuesta a la intervención (RTI, por sus siglas en inglés), las prácticas complementarias y el aprendizaje durante el verano que, por ende, son de mayor efectividad.

Aprender

Aprender de *Eureka Math* constituye un material complementario en clase para el estudiante, a través del cual pueden mostrar su razonamiento, compartir lo que saben y observar cómo adquieren conocimientos día a día. *Aprender* reúne el trabajo en clase—la Puesta en práctica, los Boletos de salida, los Grupos de problemas, las plantillas—en un volumen de fácil consulta y al alcance del usuario.

Practicar

Cada lección de *Eureka Math* comienza con una serie de actividades de fluidez que promueven la energía y el entusiasmo, incluyendo aquellas que se encuentran en *Practicar* de *Eureka Math*. Los estudiantes con fluidez en las operaciones matemáticas pueden dominar más material, con mayor profundidad. En *Practicar*, los estudiantes adquieren competencia en las nuevas capacidades adquiridas y refuerzan el conocimiento previo a modo de preparación para la próxima lección.

En conjunto, *Aprender* y *Practicar* ofrecen todo el material impreso que los estudiantes utilizarán para su formación básica en matemáticas.

Triunfar

Triunfar de *Eureka Math* permite a los estudiantes trabajar individualmente para adquirir el dominio. Estos grupos de problemas complementarios están alineados con la enseñanza en clase, lección por lección, lo que hace que sean una herramienta ideal como tarea o práctica suplementaria. Con cada grupo de problemas se ofrece una Ayuda para la tarea, que consiste en un conjunto de problemas resueltos que muestran, a modo de ejemplo, cómo resolver problemas similares.

Los maestros y los tutores pueden recurrir a los libros de *Triunfar* de grados anteriores como instrumentos acordes con el currículo para solventar las deficiencias en el conocimiento básico. Los estudiantes avanzarán y progresarán con mayor rapidez gracias a la conexión que permiten hacer los modelos ya conocidos con el contenido del grado escolar actual del estudiante.

Estudiantes, familias y educadores:

Gracias por formar parte de la comunidad de *Eureka Math*®, donde celebramos la dicha, el asombro y la emoción que producen las matemáticas.

En las clases de *Eureka Math* se activan nuevos conocimientos a través del diálogo y de experiencias enriquecedoras. A través del libro *Aprender* los estudiantes cuentan con las indicaciones y la sucesión de problemas que necesitan para expresar y consolidar lo que aprendieron en clase.

¿Qué hay dentro del libro Aprender?

Puesta en práctica: la resolución de problemas en situaciones del mundo real es un aspecto cotidiano de *Eureka Math*. Los estudiantes adquieren confianza y perseverancia mientras aplican sus conocimientos en situaciones nuevas y diversas. El currículo promueve el uso del proceso LDE por parte de los estudiantes: Leer el problema, Dibujar para entender el problema y Escribir una ecuación y una solución. Los maestros son facilitadores mientras los estudiantes comparten su trabajo y explican sus estrategias de resolución a sus compañeros/as.

Grupos de problemas: una minuciosa secuencia de los Grupos de problemas ofrece la oportunidad de trabajar en clase en forma independiente, con diversos puntos de acceso para abordar la diferenciación. Los maestros pueden usar el proceso de preparación y personalización para seleccionar los problemas que son «obligatorios» para cada estudiante. Algunos estudiantes resuelven más problemas que otros; lo importante es que todos los estudiantes tengan un período de 10 minutos para practicar inmediatamente lo que han aprendido, con mínimo apoyo de la maestra.

Los estudiantes llevan el Grupo de problemas con ellos al punto culminante de cada lección: la Reflexión. Aquí, los estudiantes reflexionan con sus compañeros/as y el maestro, a través de la articulación y consolidación de lo que observaron, aprendieron y se preguntaron ese día.

Boletos de salida: a través del trabajo en el Boleto de salida diario, los estudiantes le muestran a su maestra lo que saben. Esta manera de verificar lo que entendieron los estudiantes ofrece al maestro, en tiempo real, valiosas pruebas de la eficacia de la enseñanza de ese día, lo cual permite identificar dónde es necesario enfocarse a continuación.

Plantillas: de vez en cuando, la Puesta en práctica, el Grupo de problemas u otra actividad en clase requieren que los estudiantes tengan su propia copia de una imagen, de un modelo reutilizable o de un grupo de datos. Se incluye cada una de estas plantillas en la primera lección que la requiere.

¿Dónde puedo obtener más información sobre los recursos de Eureka Math?

El equipo de Great Minds® ha asumido el compromiso de apoyar a estudiantes, familias y educadores a través de una biblioteca de recursos, en constante expansión, que se encuentra disponible en eureka-math.org. El sitio web también contiene historias exitosas e inspiradoras de la comunidad de *Eureka Math*. Comparte tus ideas y logros con otros usuarios y conviértete en un Campeón de *Eureka Math*.

¡Les deseo un año colmado de momentos "¡ajá!"!

Jill Diniz

Jill Diniz
Directora de matemáticas
Great Minds®

El proceso de Leer-Dibujar-Escribir

El programa de *Eureka Math* apoya a los estudiantes en la resolución de problemas a través de un proceso simple y repetible que presenta la maestra. El proceso Leer-Dibujar-Escribir (LDE) requiere que los estudiantes

1. Lean el problema.

2. Dibujen y rotulen.

3. Escriban una ecuación.

4. Escriban un enunciado (afirmación).

Se procura que los educadores utilicen el andamiaje en el proceso, a través de la incorporación de preguntas tales como

- ¿Qué observas?

- ¿Puedes dibujar algo?

- ¿Qué conclusiones puedes sacar a partir del dibujo?

Cuánto más razonen los estudiantes a través de problemas con este enfoque sistemático y abierto, más interiorizarán el proceso de razonamiento y lo aplicarán instintivamente en el futuro.

Contenido

Módulo 8: Tiempo, formas y fracciones como partes iguales de figuras

L (Lee el problema con atención).

Terrence está formando figuras con 12 palillos. Usando todos los palillos, crea 3 figuras diferentes que él pudo formar. ¿Cuántas otras combinaciones puedes encontrar?

D (Dibuja una imagen).

Nombre _____   Fecha _____

1. Identifica la cantidad de lados y ángulos de cada figura. Si es necesario, encierra en un círculo cada ángulo mientras los cuentas. El primer ejercicio ya está resuelto.

a.

__3__ lados

__3__ ángulos

b.
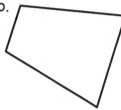

_____ lados

_____ ángulos

c.
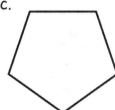

_____ lados

_____ ángulos

d.
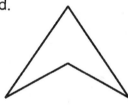

_____ lados

_____ ángulos

e.

_____ lados

_____ ángulos

f.
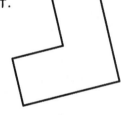

_____ lados

_____ ángulos

g.
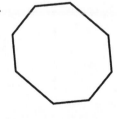

_____ lados

_____ ángulos

h.
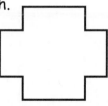

_____ lados

_____ ángulos

i.
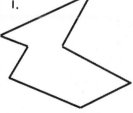

_____ lados

_____ ángulos

EUREKA MATH®

Lección 1:   Describir figuras bidimensionales con base en los atributos.

3

2. Analiza las siguientes figuras. Luego, responde las preguntas.

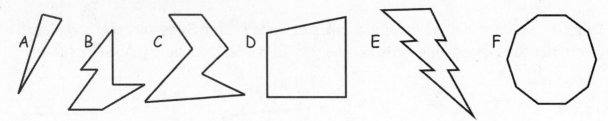

   a. ¿Qué figura tiene más lados? _____

   b. ¿Qué figura tiene 3 ángulos más que la figura C? _____

   c. ¿Qué figura tiene 3 lados menos que la figura B? _____

   d. ¿Cuántos ángulos más tiene la figura C que la figura A? _____

   e. ¿Cuál de estas figuras tiene la misma cantidad de lados y de ángulos? _____

3. Ethan dijo que las dos figuras de abajo son figuras de seis lados, pero con diferentes tamaños. Explica por qué está equivocado.

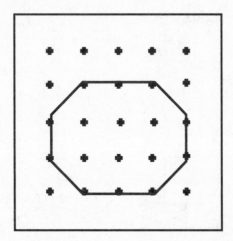 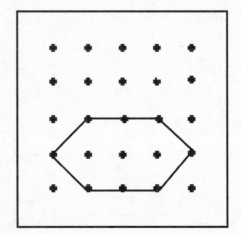

_____

_____

4   Lección 1:   Describir figuras bidimensionales con base en los atributos.

© 2019 Great Minds®. eureka-math.org

EUREKA MATH

Nombre _____   Fecha _____

Analiza las siguientes figuras. Luego, responde las preguntas.

A   B    C 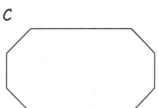   D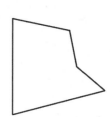

1. ¿Qué figura tiene más lados? _____

2. ¿Qué figura tiene 3 ángulos menos que la figura C? _____

3. ¿Qué figura tiene 3 lados más que la figura B? _____

4. ¿Cuál de estas figuras tiene la misma cantidad de lados y de ángulos? _____

L (Lee el problema con atención).

¿Cuántos triángulos puedes encontrar? (Pista: ¡si solo encuentras 10, sigue buscando!)

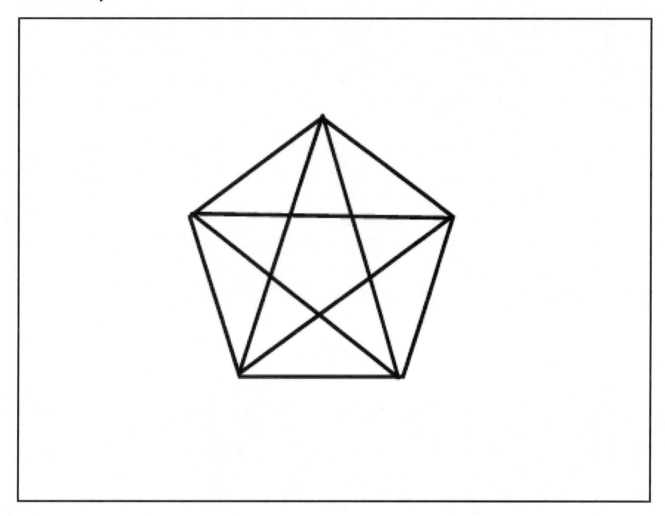

Lección 2:   Crear, identificar y analizar figuras bidimensionales con los atributos
              especificados.   7

E (Escribe un enunciado que coincida con la historia).

_____

_____

_____

Lección 2:   Crear, identificar y analizar figuras bidimensionales con los atributos
especificados.

© 2019 Great Minds®. eureka-math.org

EUREKA MATH

Nombre _____ Fecha _____

1. Cuenta cuántos lados y ángulos tiene cada figura para identificar cada polígono. Los nombres de los polígonos en el banco de palabras se pueden usar más de una vez.

| Hexágono | Cuadrilátero | Triángulo | Pentágono |

a.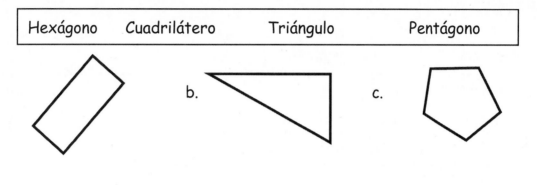

b.

c.

_____ _____ _____

d.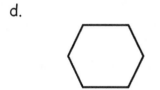

e.

f.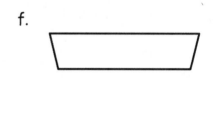

_____ _____ _____

g.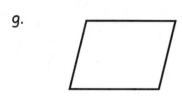

h.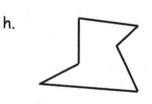

i.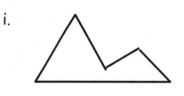

_____ _____ _____

j.

k.

l.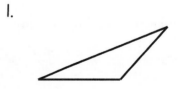

_____ _____ _____

EUREKA MATH

Lección 2: Crear, identificar y analizar figuras bidimensionales con los atributos especificados.

© 2019 Great Minds®. eureka-math.org

9

2. Dibuja más lados para completar los 2 ejemplos de cada polígono.

	Ejemplo 1	Ejemplo 2
a. **Triángulo** En cada ejemplo se agregó _____ línea. Un triángulo tiene _____ lados en total.		
b. **Hexágono** En cada ejemplo se agregaron _____ líneas. Un hexágono tiene _____ lados en total.		
c. **Cuadrilátero** En cada ejemplo se agregaron _____ líneas. Un cuadrilátero tiene _____ lados en total.		
d. **Pentágono** En cada ejemplo se agregaron _____ líneas. Un pentágono tiene _____ lados en total.		

3.

    a. Explica por qué los dos polígonos, A y B, son hexágonos.

_____

_____

    b. Dibuja un hexágono diferente de los dos que se muestran.

4. Explica por qué los dos polígonos C y D son cuadriláteros.

_____

_____

EUREKA MATH

Nombre _____   Fecha _____

Cuenta cuántos lados y ángulos tiene cada figura para identificar cada polígono. Los nombres de los polígonos en el banco de palabras se pueden usar más de una vez.

| Hexágono | Cuadrilátero | Triángulo | Pentágono |

1.

_____

2.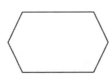

_____

3.

_____

4.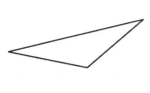

_____

5.

_____

6.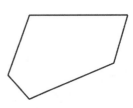

_____

L (Lee el problema con atención).

Los tres lados de un cuadrilátero tienen las siguientes longitudes: 19 cm, 23 cm y 26 cm. Si la distancia total alrededor de la figura es de 86 cm, ¿cuál es la longitud del cuarto lado?

D (Dibuja una imagen).

E (Escribe y resuelve una ecuación).

Lección 3:   Usar atributos para dibujar diferentes polígonos, incluyendo triángulos, cuadriláteros, pentágonos y hexágonos.

© 2019 Great Minds®. eureka-math.org

13

E (Escribe un enunciado que coincida con la historia).

_____

_____

_____

Lección 3:   Usar atributos para dibujar diferentes polígonos, incluyendo triángulos, cuadriláteros, pentágonos y hexágonos.

EUREKA MATH®

Nombre _____ Fecha _____

1. Usa una regla para dibujar en el espacio de la derecha el polígono con los atributos dados.

    a. Dibuja un polígono con 3 ángulos.

       Cantidad de lados: _____

       Nombre del polígono: _____

    b. Dibuja un polígono de cinco lados.

       Cantidad de ángulos: _____

       Nombre del polígono: _____

    c. Dibuja un polígono con 4 ángulos.

       Cantidad de lados: _____

       Nombre del polígono: _____

    d. Dibuja un polígono de seis lados.

       Cantidad de ángulos: _____

       Nombre del polígono: _____

    e. Compara tus polígonos con los de tu compañero.

       Copia un ejemplo que sea muy diferente de los tuyos en el espacio de la derecha.

Lección 3:   Usar atributos para dibujar diferentes polígonos, incluyendo triángulos, cuadriláteros, pentágonos y hexágonos.

© 2019 Great Minds®. eureka-math.org

15

2. Usa tu regla para dibujar 2 ejemplos nuevos de cada polígono que sean diferentes de los que dibujaste en la primera página.

a. Triángulo

b. Pentágono

c. Cuadrilátero

d. Hexágono

Lección 3:   Usar atributos para dibujar diferentes polígonos, incluyendo triángulos, cuadriláteros, pentágonos y hexágonos.

EUREKA
MATH®

Nombre _____   Fecha _____

Usa una regla para dibujar en el espacio de la derecha el polígono con los atributos dados.

Dibuja un polígono de cinco lados.

Cantidad de ángulos: _____

Nombre del polígono: _____

Lección 3:   Usar atributos para dibujar diferentes polígonos, incluyendo triángulos, cuadriláteros, pentágonos y hexágonos.

17

Nombre _____ Fecha _____

1. Usa tu regla para dibujar 2 líneas paralelas que no tengan la misma longitud.

2. Usa tu regla para dibujar 2 líneas paralelas que tengan la misma longitud.

3. Traza líneas paralelas en cada cuadrilátero usando un crayón. Usa dos colores diferentes para cada figura con dos pares de líneas paralelas. Usa tu tarjeta de índice para encontrar cada esquina cuadrada y enciérrala en un cuadrado.

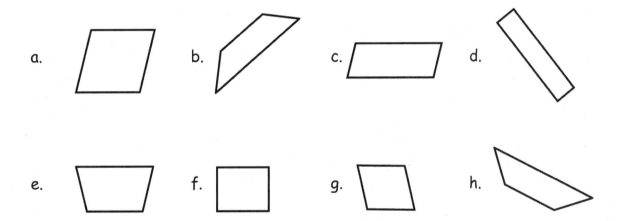

a.

b.

c.

d.

e.

f.

g.

h.

4. Dibuja un paralelogramo sin esquinas cuadradas.

Lección 4: Usar atributos para identificar y dibujar diferentes cuadriláteros, incluyendo rectángulos, rombos, paralelogramos y trapezoides.

19

EUREKA MATH

© 2019 Great Minds®. eureka-math.org

5. Dibuja un cuadrilátero con 4 esquinas cuadradas.

6. Mide y etiqueta los lados de la figura de la derecha con tu regla de centímetros. ¿Qué observas? Prepárate para hablar acerca de los atributos de este cuadrilátero. ¿Puedes recordar cómo se llama este polígono?

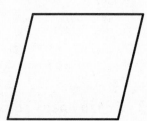

7. Un cuadrado es un rectángulo especial. ¿Qué lo hace especial?

_____

_____

20   Lección 4:   Usar atributos para identificar y dibujar diferentes cuadriláteros, incluyendo rectángulos, rombos, paralelogramos y trapezoides.

© 2019 Great Minds®. eureka-math.org

EUREKA MATH®

Nombre _____   Fecha _____

Usa crayones para trazar los lados paralelos de cada cuadrilátero. Usa tu tarjeta de índice para encontrar cada esquina cuadrada y enciérrala en un cuadrado.

1.

2. [_____]

3.

4.

Lección 4:   Usar atributos para identificar y dibujar diferentes cuadriláteros, incluyendo rectángulos, rombos, paralelogramos y trapezoides.

© 2019 Great Minds®. eureka-math.org

L (Lee el problema con atención).

Owen tenía 90 pajillas para formar pentágonos. Formó un conjunto de 5 pentágonos cuando notó un patrón numérico. ¿Cuántas figuras más puede agregar al patrón?

D (Dibuja una imagen).

E (Escribe y resuelve una ecuación).

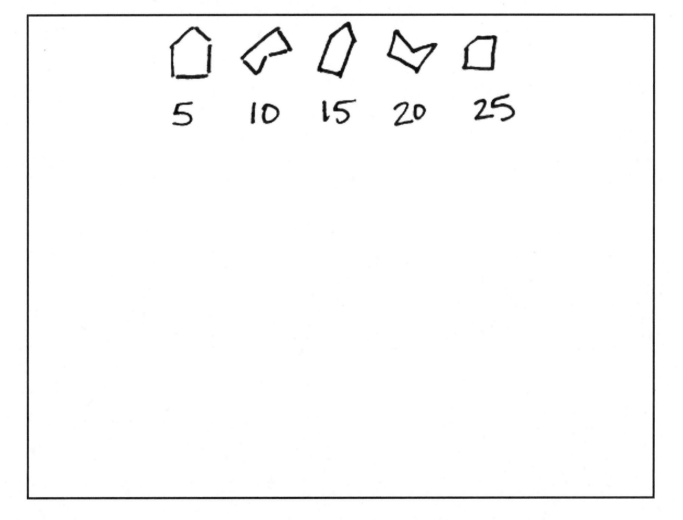

EUREKA MATH®

Lección 5:   Relacionar el cuadrado con el cubo y describir el cubo con base en sus atributos.

© 2019 Great Minds®. eureka-math.org

23

E (Escribe un enunciado que coincida con la historia).

_____

_____

_____

Lección 5:   Relacionar el cuadrado con el cubo y describir el cubo con base en sus atributos.

© 2019 Great Minds®. eureka-math.org

EUREKA MATH

Nombre _____   Fecha _____

1. Encierra en un círculo la figura que podría ser la cara de un cubo.

2. ¿Cuál es el nombre más correcto de la figura que encerraste en un círculo? _____

3. ¿Cuántas caras tiene un cubo? _____

4. ¿Cuántos bordes tiene un cubo? _____

5. ¿Cuántas esquinas tiene un cubo? _____

6. Dibuja 6 cubos y pon una estrella junto al que te quedó mejor.

Primer cubo	Segundo cubo
Tercer cubo	Cuarto cubo
Quinto cubo	Sexto cubo

Lección 5:   Relacionar el cuadrado con el cubo y describir el cubo con base en sus
                 atributos.

7. Conecta las esquinas de los cuadrados para hacer el dibujo de un cubo de diferente tipo. El primero está hecho como ejemplo.

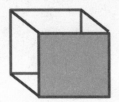 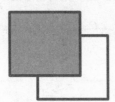 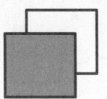 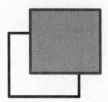

8. Derrick vio el cubo de abajo. Dijo que el cubo solo tenía 3 caras. Explica por qué Derrick está equivocado.

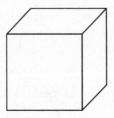

_____

_____

_____

Lección 5:   Relacionar el cuadrado con el cubo y describir el cubo con base en sus atributos.

EUREKA MATH

Nombre _____   Fecha _____

Dibuja 3 cubos. Pon una estrella junto al que te quedó mejor.

L (Lee el problema con atención).

Frank tiene 19 cubos menos que Josie. Frank tiene 56 cubos. Ambos quieren usar todos sus cubos para construir una torre. ¿Cuántos cubos van a usar?

D (Dibuja una imagen).

E (Escribe y resuelve una ecuación).

EUREKA MATH

Lección 6: Combinar formas para crear una figura compuesta; crear una nueva figura a partir de figuras compuestas.

© 2019 Great Minds®. eureka-math.org

29

E (Escribe un enunciado que coincida con la historia).

_____

_____

_____

Lección 6:   Combinar formas para crear una figura compuesta; crear una nueva figura a partir de figuras compuestas.

EUREKA MATH

Nombre _____   Fecha _____

1. Identifica cada polígono etiquetado en el tangram tan precisamente como puedas en el espacio de abajo.

   a. _____

   b. _____

   c. _____

2. Usa el cuadrado y los dos triángulos más pequeños de tu tangram para formar los siguientes polígonos. Dibújalos en el espacio proporcionado.

a. Un cuadrilátero con 1 par de lados paralelos.	b. Un cuadrilátero sin esquinas cuadradas.
c. Un cuadrilátero con 4 esquinas cuadradas.	d. Un triángulo con 1 esquina cuadrada.

Lección 6:   Combinar formas para crear una figura compuesta; crear una nueva figura a partir de figuras compuestas.

31

© 2019 Great Minds®. eureka-math.org

3. Usa el paralelogramo y los dos triángulos más pequeños de tu tangram para formar los siguientes polígonos. Dibújalos en el espacio proporcionado.

a. Un cuadrilátero con 1 par de lados paralelos.	b. Un cuadrilátero sin esquinas cuadradas.
c. Un cuadrilátero con 4 esquinas cuadradas.	d. Un triángulo con 1 esquina cuadrada.

4. Reacomoda el paralelogramo y los dos triángulos más pequeños para formar un hexágono. Dibuja la nueva figura abajo.

5. ¡Reacomoda las piezas de tu tangram para formar otros polígonos! Identifícalos mientras trabajas.

Lección 6:   Combinar formas para crear una figura compuesta; crear una nueva
figura a partir de figuras compuestas.

EUREKA MATH

Nombre _____   Fecha _____

Usa las piezas de tu tangram para formar dos polígonos nuevos. Haz un dibujo de cada polígono nuevo y escribe sus nombres.

1.

2.

Lección 6:   Combinar formas para crear una figura compuesta; crear una nueva
               figura a partir de figuras compuestas.

© 2019 Great Minds®. eureka-math.org   33

Recorta el tangram en 7 piezas de rompecabezas.

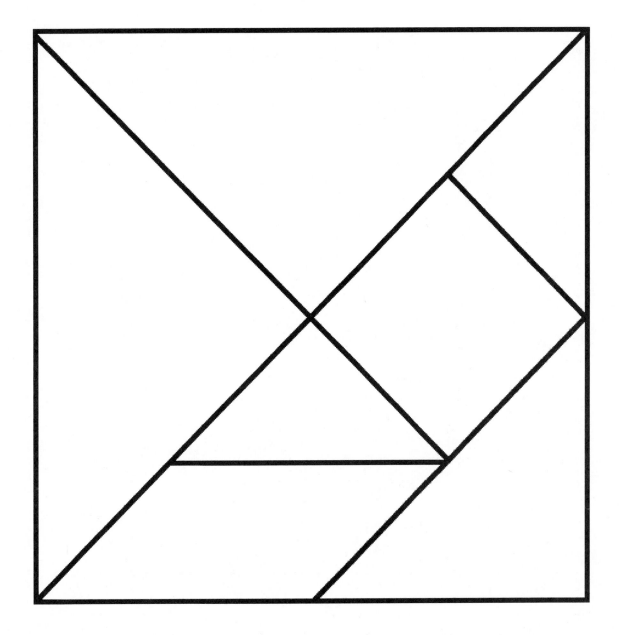

Tangram

Lección 6: Combinar formas para crear una figura compuesta; crear una nueva figura a partir de figuras compuestas.

© 2019 Great Minds®. eureka-math.org

35

L (Lee el problema con atención).

Los estudiantes de la Sra. Libarian están recogiendo las piezas del tangram. Recogieron 13 paralelogramos, 24 triángulos grandes, 24 triángulos pequeños y 13 triángulos medianos. El resto eran cuadrados. Si recogieron 97 piezas en total, ¿cuántos cuadrados hay?

D (Dibuja una imagen).

E (Escribe y resuelve una ecuación).

Lección 7:   Interpretar las partes iguales en figuras compuestas como mitades, tercios y cuartos.

© 2019 Great Minds®. eureka-math.org

37

E (Escribe un enunciado que coincida con la historia).

_____

_____

_____

EUREKA MATH®

Nombre _____ Fecha _____

1. Resuelve los siguientes rompecabezas usando las piezas de tu tangram. Dibuja tus soluciones en el espacio de abajo.

a. Usa los dos triángulos más pequeños para hacer un triángulo más grande.	b. Usa los dos triángulos más pequeños para hacer un paralelogramo sin esquinas cuadradas.
c. Usa los dos triángulos más pequeños para hacer un cuadrado.	d. Usa los dos triángulos más grandes para hacer un cuadrado.
e. ¿Cuántas partes iguales tienen las figuras grandes en los incisos (a)-(d)?	f. ¿Cuántas mitades forman las figuras en los incisos (a)-(d)?

2. Encierra en un círculo las figuras que muestran mitades.

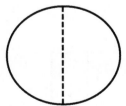 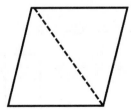 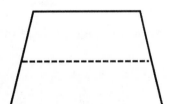 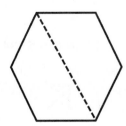

EUREKA MATH

Lección 7:   Interpretar las partes iguales en figuras compuestas como mitades, tercios y cuartos.

© 2019 Great Minds®. eureka-math.org

39

3. Muestra cómo 3 triángulos de bloques de patrón forman un trapecio con un par de líneas paralelas. Dibuja la figura abajo.

   a. ¿Cuántas partes iguales tiene el trapecio? _____

   b. ¿Cuántos tercios hay en el trapecio? _____

4. Encierra en un círculo las figuras que muestran tercios.

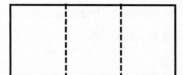 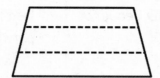 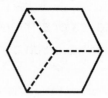

5. Agrega otro triángulo al trapecio que hiciste en el Problema 3 para hacer un paralelogramo. Dibuja la nueva figura abajo.

   a. ¿Cuántas partes iguales tiene la figura ahora?_____

   b. ¿Cuántos cuartos hay en la figura?_____

6. Encierra en un círculo las figuras que muestran cuartos.

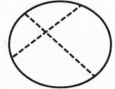 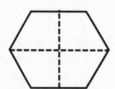 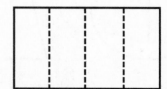

Lección 7: Interpretar las partes iguales en figuras compuestas como mitades, tercios y cuartos.

© 2019 Great Minds®. eureka-math.org

EUREKA MATH

Nombre _____   Fecha _____

1. Encierra en un círculo las figuras que muestran tercios.

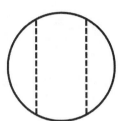 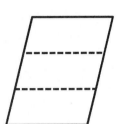 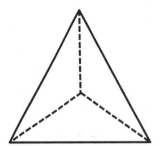

2. Encierra en un círculo las figuras que muestran cuartos.

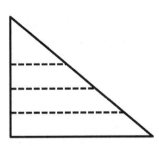 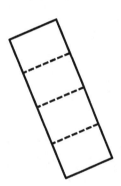 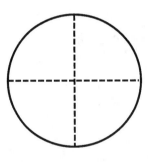

EUREKA MATH   **Lección 7:**   Interpretar las partes iguales en figuras compuestas como mitades, tercios y cuartos.

© 2019 Great Minds®. eureka-math.org   41

L (Lee el problema con atención).

Los estudiantes estaban formando figuras grandes con triángulos y cuadrados. Quitaron los 72 triángulos. Quedaron todavía 48 cuadrados en el tapete. ¿Cuántos triángulos y cuadrados había en el tapete cuando empezaron?

D (Dibuja una imagen).

E (Escribe y resuelve una ecuación).

Lección 8:   Interpretar las partes iguales en figuras compuestas como mitades, tercios y cuartos.

© 2019 Great Minds®. eureka-math.org

43

E (Escribe un enunciado que coincida con la historia).

_____

_____

_____

EUREKA MATH®

Nombre _____   Fecha _____

1. Usa un bloque de patrón para cubrir la mitad del rombo.

    a. Identifica el bloque de patrón que se usó para cubrir la mitad del rombo.

    _____

    b. Haz un dibujo del rombo formado por las 2 mitades.

2. Usa un bloque de patrón para cubrir la mitad del hexágono.

    a. Identifica el bloque de patrón que se usó para cubrir la mitad de un hexágono.

    _____

    b. Haz un dibujo del hexágono formado por las 2 mitades.

3. Usa un bloque de patrón para cubrir 1 tercio del hexágono.

    a. Identifica el bloque de patrón que se usó para cubrir 1 tercio de un hexágono.

    _____

    b. Haz un dibujo del hexágono formado por los 3 tercios.

4. Usa un bloque de patrón para cubrir 1 tercio del trapecio.

    a. Identifica el bloque de patrón que se usó para cubrir 1 tercio de un trapecio.

    _____

    b. Haz un dibujo del trapecio formado por los 3 tercios.

Lección 8:   Interpretar las partes iguales en figuras compuestas como mitades, tercios y cuartos.

© 2019 Great Minds®. eureka-math.org

45

5. Usa 4 bloques de patrón cuadrados para hacer un cuadrado más grande.

   a. En el espacio de abajo, haz un dibujo del cuadrado formado.

   b. Sombrea 1 cuadrado pequeño. Cada cuadrado pequeño es 1_____
      (mitad / tercio / cuarto) del cuadrado entero.

   c. Sombrea otro cuadrado pequeño. Ahora, están sombreadas 2_____
      (mitades / tercios / cuartos) del cuadrado entero.

   d. Y 2 cuartos del cuadrado es lo mismo que 1_____
      (mitad / tercio /cuarto) del cuadrado entero.

   e. Sombrea 2 cuadrados pequeños más._____ cuartos es igual a 1 entero.

6. Usa un bloque de patrón para cubrir 1 sexto del hexágono.

   a. Identifica el bloque de patrón que se usó para cubrir 1 sexto de un hexágono.
      _____

   b. Haz un dibujo del hexágono formado por los 6 sextos.

Lección 8:   Interpretar las partes iguales en figuras compuestas como mitades,
              tercios y cuartos.

EUREKA MATH®

Nombre _____   Fecha _____

Identifica el bloque de patrón que se usó para cubrir la mitad del rectángulo. _____

Usa la figura de abajo para dibujar los bloques de patrón usados para cubrir 2 mitades.

L (Lee el problema con atención).

La clase del Sr. Thompson recaudó 96 dólares para una excursión.

Necesitan recaudar un total de 120 dólares.

  a. ¿Cuánto dinero más tienen que recaudar para lograr su objetivo?

  b. Si recaudan 86 dólares más, ¿cuánto dinero extra tendrán?

D (Dibuja una imagen).

E (Escribe y resuelve una ecuación).

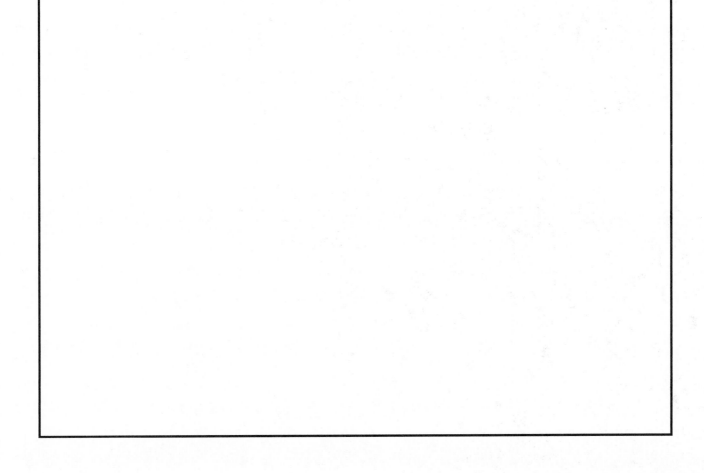

Lección 9:   Dividir círculos y rectángulos en partes iguales y describir esas partes
como mitades, tercios o cuartos.   **49**

© 2019 Great Minds®. eureka-math.org

E (Escribe un enunciado que coincida con la historia).

a. _____

_____

b. _____

_____

Lección 9:   Dividir círculos y rectángulos en partes iguales y describir esas partes como mitades, tercios o cuartos.

EUREKA
MATH

Nombre _____ Fecha _____

1. Encierra en un círculo las figuras que tienen 2 partes iguales con 1 parte sombreada.

   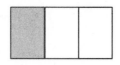

2. Sombrea 1 mitad de las figuras que están divididas en 2 partes iguales. El primer ejercicio ya está resuelto.

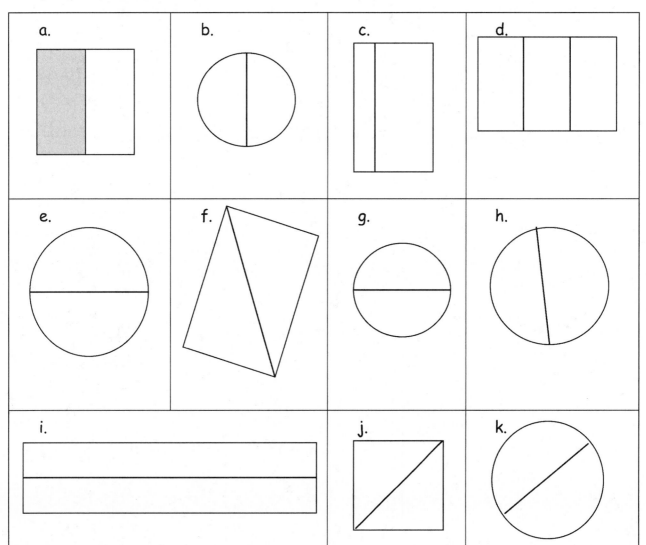

EUREKA MATH   Lección 9: Dividir círculos y rectángulos en partes iguales y describir esas partes como mitades, tercios o cuartos.   51

© 2019 Great Minds®. eureka-math.org

3. Divide las figuras para mostrar mitades. Sombrea 1 mitad de cada una. Compara tus mitades con las de tu compañero.

a.

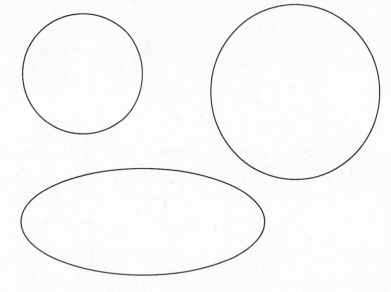

b.

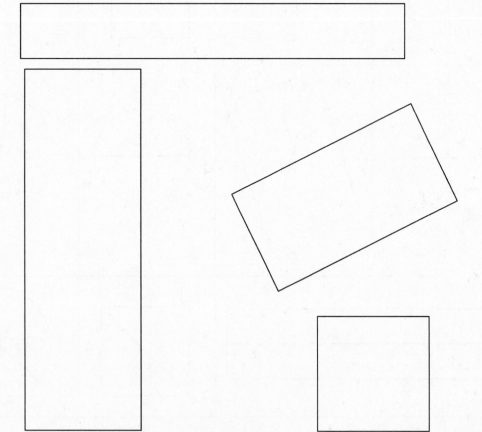

Lección 9:   Dividir círculos y rectángulos en partes iguales y describir esas partes como mitades, tercios o cuartos.

Nombre _____   Fecha _____

Sombrea 1 mitad de las figuras que están divididas en 2 partes iguales.

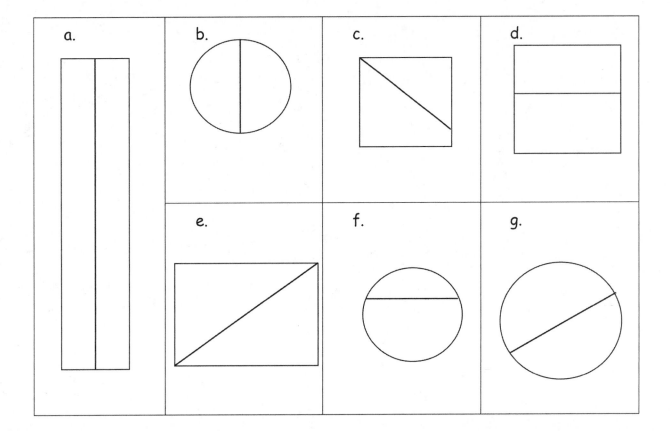

EUREKA MATH®

Lección 9:   Dividir círculos y rectángulos en partes iguales y describir esas partes como mitades, tercios o cuartos.

53

© 2019 Great Minds®. eureka-math.org

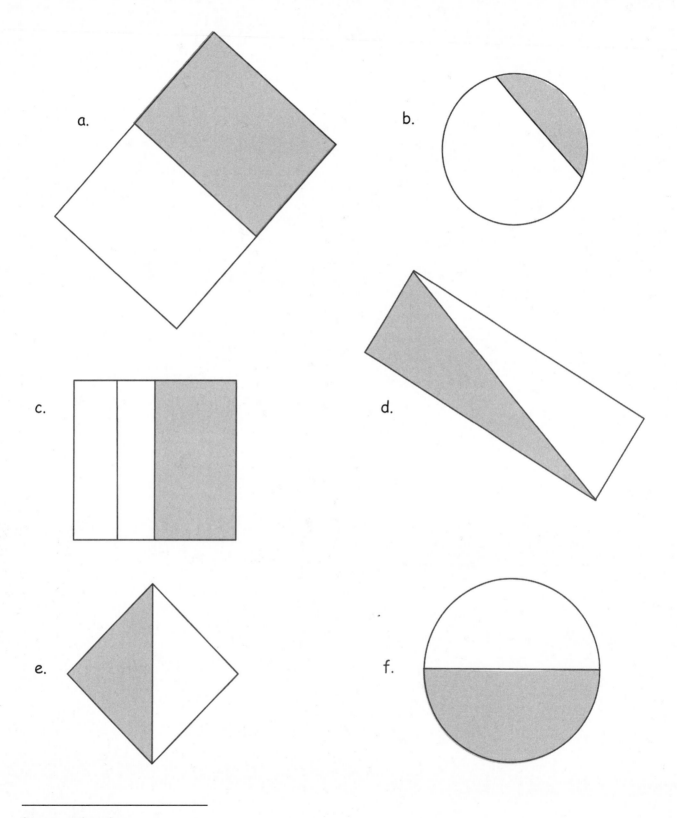

figuras sombreadas

Lección 9:   Dividir círculos y rectángulos en partes iguales y describir esas partes como mitades, tercios o cuartos.

55

© 2019 Great Minds®. eureka-math.org

L (Lee el problema con atención).

Félix está distribuyendo boletos de una rifa. Distribuyó 98 boletos y le quedan 57. ¿Cuántos boletos tenía al comienzo?

D (Dibuja una imagen).

E (Escribe y resuelve una ecuación).

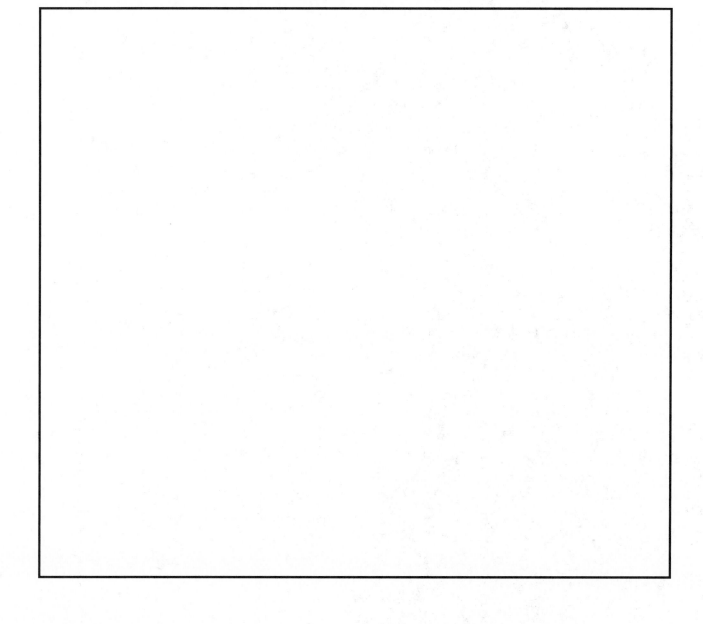

EUREKA MATH®

Lección 10:   Dividir círculos y rectángulos en partes iguales y describir esas partes como mitades, tercios o cuartos.

© 2019 Great Minds®. eureka-math.org

57

E (Escribe un enunciado que coincida con la historia).

_____

_____

_____

EUREKA MATH

Nombre _____   Fecha _____

1. a. ¿Las figuras del Problema 1(a) muestran mitades o tercios?_____

b. Dibuja 1 línea más para dividir cada figura de arriba en cuartos.

2. Divide cada rectángulo en tercios. Luego, sombrea las figuras como se indica.

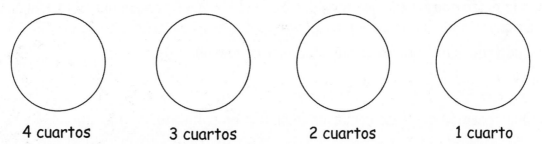

3 tercios   2 tercios   1 tercio

3. Divide cada círculo en cuartos. Luego, sombrea las figuras como se indica.

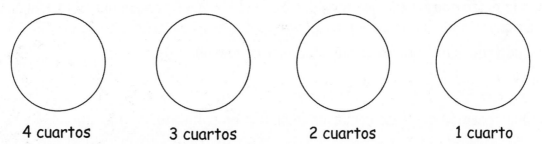

4 cuartos   3 cuartos   2 cuartos   1 cuarto

EUREKA MATH®

Lección 10:   Dividir círculos y rectángulos en partes iguales y describir esas partes como mitades, tercios o cuartos.

59

© 2019 Great Minds®. eureka-math.org

4. Divide y sombrea las siguientes figuras como se indica. Cada rectángulo o círculo es un entero.

a. 1 cuarto

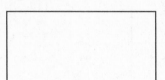

b. 1 tercio

c. 1 mitad

d. 2 cuartos

e. 2 tercios

f. 2 mitades

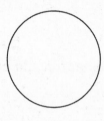

g. 3 cuartos

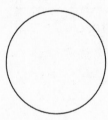

h. 3 tercios

i. 3 mitades

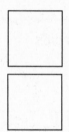

5. Divide la pizza abajo para que María, Paul, José y Mark tengan una parte igual cada uno. Etiqueta cada parte de los estudiantes con sus nombres.

a. ¿Qué fracción de pizza comió cada uno de los niños?

b. ¿Qué fracción de pizza comieron los niños en conjunto?

Lección 10: Dividir círculos y rectángulos en partes iguales y describir esas partes como mitades, tercios o cuartos.

© 2019 Great Minds®. eureka-math.org

EUREKA MATH

Nombre _____   Fecha _____

Divide y sombrea las siguientes figuras como se indica. Cada rectángulo o círculo es un entero.

1. 2 mitades

2. 2 tercios

3. 1 tercio

4. 1 mitad

5. 2 cuartos

6. 1 cuarto

EUREKA MATH®

Lección 10: Dividir círculos y rectángulos en partes iguales y describir esas partes como mitades, tercios o cuartos.

© 2019 Great Minds®. eureka-math.org

61

Rectángulos y círculos

Lección 10:   Dividir círculos y rectángulos en partes iguales y describir esas partes
          como mitades, tercios o cuartos.

63

© 2019 Great Minds®. eureka-math.org

L (Lee el problema con atención).

Jacobo recolectó 70 tarjetas de béisbol. Le dio la mitad a su hermano, Sammy. ¿Cuántas tarjetas de béisbol le quedaron a Jacobo?

D (Dibuja una imagen).

E (Escribe y resuelve una ecuación).

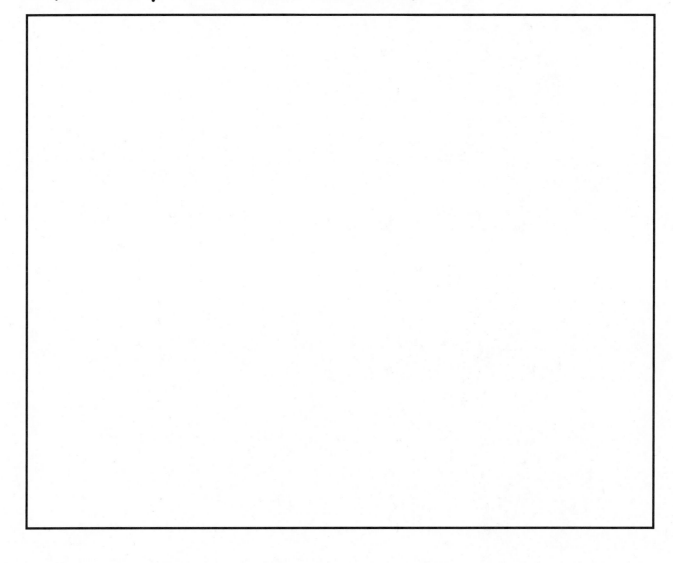

Lección 11: Describir un entero por la cantidad de partes iguales, incluyendo 2 mitades, 3 tercios y 4 cuartos.

© 2019 Great Minds®. eureka-math.org

65

E (Escribe un enunciado que coincida con la historia).

_____

_____

_____

66   Lección 11:   Describir un entero por la cantidad de partes iguales, incluyendo 2
                         mitades, 3 tercios y 4 cuartos.

            © 2019 Great Minds®. eureka-math.org

EUREKA
MATH®

Nombre _____   Fecha _____

1. En los incisos (a), (c) y (e), identifica el área sombreada.

   a.

   _____ mitad   _____ mitades

   b. Encierra en un círculo la figura de arriba que tiene un área sombreada que muestra 1 entero.

   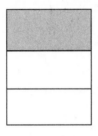 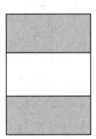 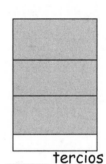

   _____ tercio   _____ tercios   _____ tercios

   c. Encierra en un círculo la figura de arriba que tiene un área sombreada que muestra 1 entero.

   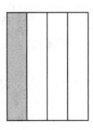 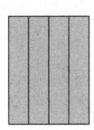 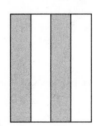 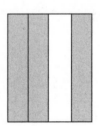

   d.

   _____ cuarto   _____ cuartos   _____ cuartos   _____ cuartos

   e. Encierra en un círculo la figura de arriba que tiene un área sombreada que muestra 1 entero.

EUREKA MATH®   Lección 11: Describir un entero por la cantidad de partes iguales, incluyendo 2 mitades, 3 tercios y 4 cuartos.   67

© 2019 Great Minds®. eureka-math.org

2. ¿Qué fracción necesitas colorear para que esté sombreado 1 entero?

a.

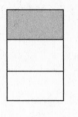

_____

b.

_____

c.

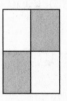

_____

d.

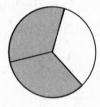

_____

e.

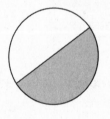

_____

f.

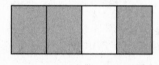

_____

3. Completa el dibujo para mostrar 1 entero.

a. Esto es 1 mitad.
   Dibuja 1 entero.

b. Este es 1 tercio.
   Dibuja 1 entero.

c. Este es 1 cuarto.
   Dibuja 1 entero.

Lección 11:   Describir un entero por la cantidad de partes iguales, incluyendo 2
               mitades, 3 tercios y 4 cuartos.

EUREKA
MATH®

Nombre _____ Fecha _____

¿Qué fracción necesitas colorear para que esté sombreado 1 entero?

1.

_____

2.

_____

3.

_____

4.

_____

Lección 11:   Describir un entero por la cantidad de partes iguales, incluyendo 2
mitades, 3 tercios y 4 cuartos.

69

EUREKA MATH

© 2019 Great Minds®. eureka-math.org

L (Lee el problema con atención).

Tugu hizo dos pizzas para compartir entre él y sus 5 amigos. Quiere que todos tengan una parte igual de la pizza. ¿Deberá cortar la pizza en mitades, tercios o cuartos?

D (Dibuja una imagen).

Lección 12:   Reconocer que las partes iguales de un rectángulo idéntico pueden tener figuras diferentes.

© 2019 Great Minds®. eureka-math.org

71

E (Escribe un enunciado que coincida con la historia).

_____

_____

_____

Lección 12:   Reconocer que las partes iguales de un rectángulo idéntico pueden tener figuras diferentes.

© 2019 Great Minds®. eureka-math.org

EUREKA
MATH®

Nombre _____   Fecha _____

1. Divide los rectángulos en 2 maneras diferentes para mostrar partes iguales.

   a. 2 mitades

   b. 3 tercios

   c. 4 cuartos

2. Construye el cuadrado entero original usando la mitad del rectángulo y la mitad representada por tus 4 triángulos pequeños. Dibújalo en el espacio de abajo.

EUREKA MATH®

Lección 12:   Reconocer que las partes iguales de un rectángulo idéntico pueden tener figuras diferentes.

© 2019 Great Minds®. eureka-math.org

73

3. Usa mitades de diferentes colores de un cuadrado entero.

   a. Corta el cuadrado a la mitad para hacer 2 rectángulos del mismo tamaño.

   b. Reacomoda las mitades para crear un nuevo rectángulo sin espacios vacíos o sin que se traslapen.

   c. Corta cada parte igual a la mitad para hacer 4 cuadrados del mismo tamaño.

   d. Reacomoda las nuevas partes cuadradas iguales para crear diferentes polígonos.

   e. Dibuja abajo uno de tus nuevos polígonos del inciso (d).

Extensión

4. Recorta el círculo.

   a. Corta el círculo a la mitad.

   b. Reacomoda las mitades para crear una nueva figura sin espacios vacíos o sin que se traslapen.

   c. Corta cada parte igual a la mitad.

   d. Reacomoda las partes iguales para crear una nueva figura sin espacios vacíos o sin que se traslapen.

   e. Dibuja abajo tu nueva figura del inciso (d).

Lección 12:   Reconocer que las partes iguales de un rectángulo idéntico pueden tener figuras diferentes.

© 2019 Great Minds®. eureka-math.org

Nombre _____   Fecha _____

Divide los rectángulos en 2 maneras diferentes para mostrar partes iguales.

1. 2 mitades

2. 3 tercios

3. 4 cuartos

Nombre _____   Fecha _____

1. Indica qué fracción de cada reloj está sombreada en el espacio de abajo usando las palabras, *cuarto, cuartos, mitad* o *mitades*.

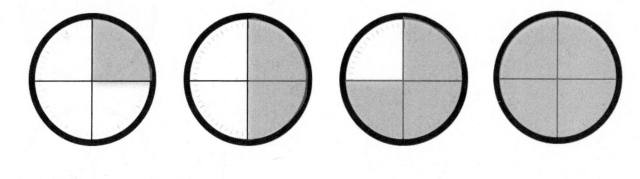

_____   _____   _____   _____

2. Escribe la hora que se muestra en cada reloj.

a.

_____

b.

_____

c.

_____

d.

_____

EUREKA MATH®

Lección 13:   Construir un reloj de papel dividiendo un círculo en mitades y cuartos, y decir la hora a la media hora o al cuarto de hora.

© 2019 Great Minds®. eureka-math.org

77

3. Relaciona cada hora con el reloj correcto dibujando una línea.

- Cuarto para las 4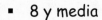

- 8 y media

- 8:30

- 3:45

- 1:15

3. Dibuja el minutero en el reloj para mostrar la hora correcta.

3:45   11:30   6:15

Lección 13:   Construir un reloj de papel dividiendo un círculo en mitades y cuartos, y decir la hora a la media hora o al cuarto de hora.

© 2019 Great Minds®. eureka-math.org

EUREKA
MATH®

Nombre _____   Fecha _____

Dibuja el minutero en el reloj para mostrar la hora correcta.

7 y media

12:15

Un cuarto para las 3.

Lección 13:   Construir un reloj de papel dividiendo un círculo en mitades y cuartos, y decir la hora a la media hora o al cuarto de hora.

79

EUREKA MATH

L (Lee el problema con atención).

Los bizcochos de chocolate se hornean en 45 minutos. Calentar una pizza tarda media hora menos que los bizcochos de chocolate. ¿Cuánto tarda la pizza en calentarse?

D (Dibuja una imagen).

E (Escribe y resuelve una ecuación).

E (Escribe un enunciado que coincida con la historia).

_____

_____

_____

EUREKA
MATH

Nombre _____   Fecha _____

1. Completa con los números que faltan.

60, 55, 50, _____, 40, _____, _____, _____, 20, _____, _____, _____, _____

2. Completa con los números que faltan en la carátula del reloj para mostrar los minutos.

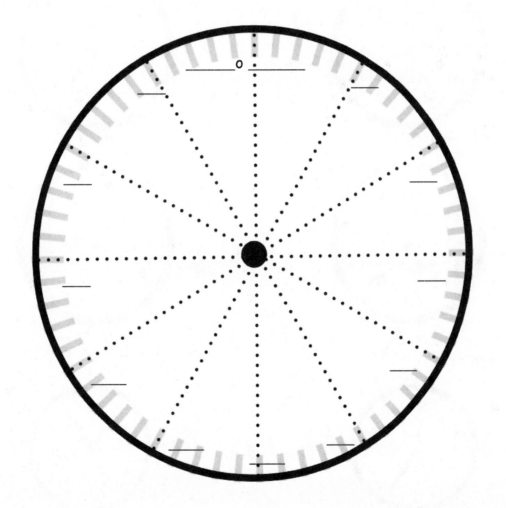

3. Dibuja la manecilla de las horas y el minutero en los relojes para que coincidan con la hora correcta.

3:05

3:35

4:10

4:40

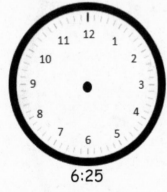

6:25

6:55

4. ¿Qué hora es?

_____

_____

Lección 14:　　Decir la hora a los cinco minutos más cercanos.

EUREKA
MATH®

Nombre _____   Fecha _____

Dibuja la manecilla de las horas y el minutero en los relojes para que coincidan con la hora correcta.

12:55

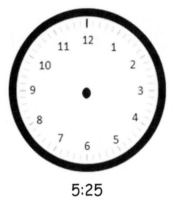

5:25

L (Lee el problema con atención).

En la Escuela Memorial, los estudiantes tienen un cuarto de hora de recreo en la mañana y 33 minutos para el almuerzo. ¿Cuánto tiempo libre tienen en total? ¿Cuánto tiempo más tienen para el almuerzo que para el recreo?

D (Dibuja una imagen).

E (Escribe y resuelve una ecuación).

Lección 15: Decir la hora a los cinco minutos más cercanos; relacionar *a.m.* y *p.m.* con la hora del día.

87

© 2019 Great Minds®. eureka-math.org

E (Escribe un enunciado que coincida con la historia).

_____

_____

_____

Lección 15: Decir la hora a los cinco minutos más cercanos; relacionar *a.m.* y *p.m.* con la hora del día.

© 2019 Great Minds®. eureka-math.org

EUREKA MATH®

Nombre _____   Fecha _____

1. Decide si las siguientes actividades sucederían en a.m. o p.m. Encierra en un círculo tu respuesta.

   a. Despertarte para ir a la escuela   **a.m. / p.m.**

   b. Cenar   **a.m. / p.m.**

   c. Leer una historia antes de dormir   **a.m. / p.m.**

   d. Preparar el desayuno   **a.m. / p.m.**

   e. Invitar a alguien a jugar después de la escuela   **a.m. / p.m.**

   f. Acostarte para dormir   **a.m. / p.m.**

   g. Comer una rebanada de pastel   **a.m. / p.m.**

   h. Almorzar   **a.m. / p.m.**

Lección 15: Decir la hora a los cinco minutos más cercanos; relacionar *a.m.* y *p.m.* con la hora del día.

EUREKA MATH

89

© 2019 Great Minds®. eureka-math.org

2. Dibuja las manecillas en el reloj analógico para que coincidan con la hora del reloj digital. Luego, encierra en un círculo **a.m.** o **p.m.** con base en la descripción dada.

a. Cepillarte los dientes al despertar

7:10   **a.m.** o **p.m.**

b. Terminar la tarea

5:55   **a.m.** o **p.m.**

3. Escribe que podrías estar haciendo si fuera **a.m.** o **p.m.**

a. **a.m.** _____

a. **p.m.** _____

4. ¿Qué hora muestra el reloj?

_____ : _____

Lección 15:   Decir la hora a los cinco minutos más cercanos; relacionar *a.m.* y *p.m.* con la hora del día.

© 2019 Great Minds®. eureka-math.org

EUREKA MATH®

Nombre _____ Fecha _____

Dibuja las manecillas en el reloj analógico para que coincidan con la hora del reloj digital. Luego, encierra en un círculo **a.m.** o **p.m.** con base en la descripción dada.

1. El sol está saliendo.

6:10   a.m. o p.m.

2. Pasear al perro

3:40   a.m. o p.m.

EUREKA MATH®

Lección 15: Decir la hora a los cinco minutos más cercanos; relacionar *a.m.* y *p.m.* con la hora del día.

91

© 2019 Great Minds®. eureka-math.org

Escribe la hora. Encierra en un círculo a.m. o p.m.

_____

a.m./p.m.

_____

Historia para decir la hora (larga)

Lección 15: Decir la hora a los cinco minutos más cercanos; relacionar *a.m.* y *p.m.* con la hora del día.

93

Escribe la hora. Encierra en un círculo a.m. o p.m.

a.m./p.m.

Historia para decir la hora (larga)

Lección 15:   Decir la hora a los cinco minutos más cercanos; relacionar *a.m.* y *p.m.* con la hora del día.

Escribe la hora. Encierra en un círculo a.m. o p.m.

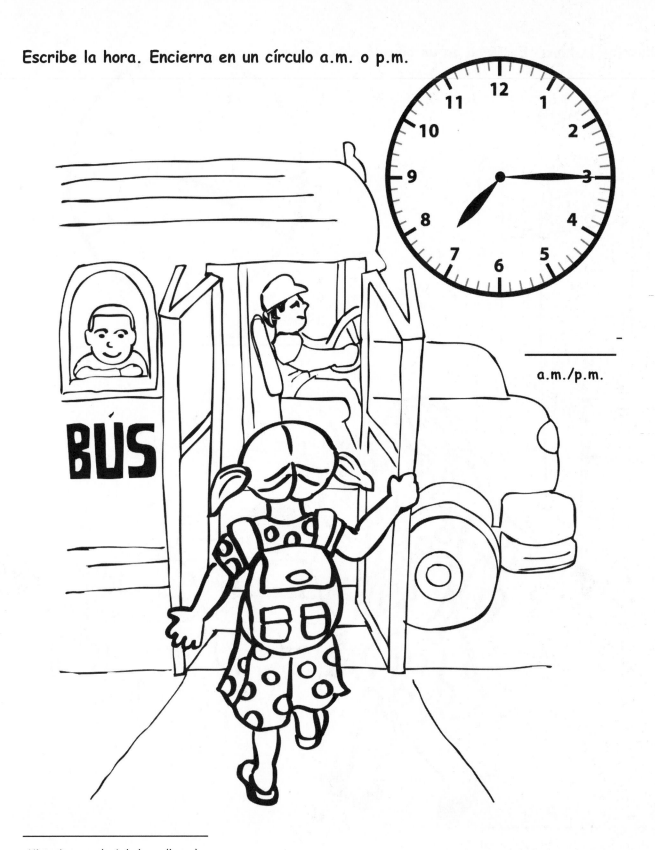

_____

a.m./p.m.

_____

Historia para decir la hora (larga)

Escribe la hora. Encierra en un círculo a.m. o p.m.

_____

a.m./p.m.

$$\begin{array}{r} 10 \\ +4 \\ \hline \end{array} \qquad \begin{array}{r} 5 \\ -2 \\ \hline \end{array} \qquad \begin{array}{r} 3 \\ +3 \\ \hline \end{array}$$

Historia para decir la hora (larga)

Lección 15: Decir la hora a los cinco minutos más cercanos; relacionar *a.m.* y *p.m.* con la hora del día.

EUREKA MATH

Escribe la hora. Encierra en un círculo a.m. o p.m.

_____
a.m./p.m.

_____
Historia para decir la hora (larga)

Lección 15:   Decir la hora a los cinco minutos más cercanos; relacionar *a.m.* y *p.m.*
con la hora del día.

97

© 2019 Great Minds®. eureka-math.org

Escribe la hora. Encierra en un círculo a.m. o p.m.

a.m./p.m.

Historia para decir la hora (larga)

Lección 15:   Decir la hora a los cinco minutos más cercanos; relacionar *a.m.* y *p.m.* con la hora del día.

EUREKA MATH®

Escribe la hora. Encierra en un círculo a.m. o p.m.

_____
a.m./p.m.

_____
Historia para decir la hora (larga)

Lección 15:   Decir la hora a los cinco minutos más cercanos; relacionar *a.m.* y *p.m.* con la hora del día.

99

EUREKA MATH

© 2019 Great Minds®. eureka-math.org

Escribe la hora. Encierra en un círculo a.m. o p.m.

_____
a.m./p.m.

_____
Historia para decir la hora (larga)

Lección 15:   Decir la hora a los cinco minutos más cercanos; relacionar *a.m.* y *p.m.*
con la hora del día.

EUREKA MATH®

L (Lee el problema con atención).

Los sábados, Jean solo podrá ver las caricaturas durante una hora.

Su primera caricatura dura 14 minutos y la segunda dura 28 minutos.

Después de un descanso de 5 minutos, Jean ve una caricatura de 15 minutos. ¿Cuánto tiempo pasó Jean viendo caricaturas? ¿Excedió su límite de tiempo?

D (Dibuja una imagen).
E (Escribe y resuelve una ecuación).

E (Escribe un enunciado que coincida con la historia).

_____

_____

_____

Lección 16:   Resolver problemas del tiempo transcurrido que involucran horas enteras y medias horas.

EUREKA MATH

Nombre _____   Fecha _____

1. ¿Cuánto tiempo ha transcurrido?

   a. 6:30 a.m. → 7:00 a.m.   _____

   b. 4:00 p.m. → 9:00 p.m.   _____

   c. 11:00 a.m. → 5:00 p.m.   _____

   d. 3:30 a.m. → 10:30 a.m.   _____

   e. 7:00 p.m. → 1:30 a.m.   _____

   f. 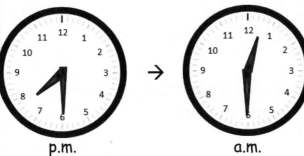   _____

   g. 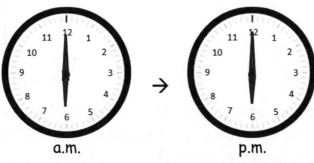   _____

   h. 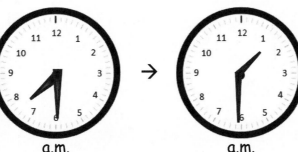   _____

Lección 16:   Resolver problemas del tiempo transcurrido que involucran horas enteras y medias horas.   103

© 2019 Great Minds®. eureka-math.org

2. Resuelve.

a. Tracy llega a la escuela a las 7:30 a.m. Se va de la escuela a las 3:30 p.m. ¿Cuánto tiempo está Tracy en la escuela?

b. Ana pasó 3 horas en la práctica de danza. Terminó a las 6:15 p.m. ¿A qué hora comenzó?

c. Andy terminó la práctica de béisbol a las 4:30 p.m. Su práctica fue de 2 horas. ¿A qué hora comenzó su práctica de béisbol?

d. Marcus salió de viaje por carretera. Salió el lunes a las 7:00 a.m. y condujo hasta las 4:00 p.m. El martes, Marcus condujo de las 6:00 a.m. a las 3:30 p.m. ¿Cuánto tiempo condujo el lunes y el martes?

Lección 16: Resolver problemas del tiempo transcurrido que involucran horas enteras y medias horas.

© 2019 Great Minds®. eureka-math.org

Nombre _____   Fecha _____

¿Cuánto tiempo ha transcurrido?

1. 3:00 p.m. → 11:00 p.m.   _____

2. 5:00 a.m. → 12:00 p.m. (mediodía)   _____

3. 9:30 p.m. → 7:30 a.m.   _____

Lección 16:   Resolver problemas del tiempo transcurrido que involucran horas enteras
                y medias horas.

© 2019 Great Minds®. eureka-math.org

105

Créditos

Great Minds® ha hecho todos los esfuerzos para obtener permisos para la reimpresión de todo el material protegido por derechos de autor. Si algún propietario de material sujeto a derechos de autor no ha sido mencionado, favor ponerse en contacto con Great Minds para su debida mención en todas las ediciones y reimpresiones futuras.